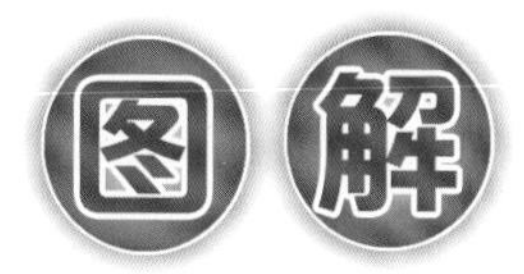

电力作业现场

红线违章

国网河北省电力有限公司安全监察部　编著

·北京·

图书在版编目（CIP）数据

图解电力作业现场红线违章 / 国网河北省电力有限公司安全监察部编著. -- 北京 : 中国水利水电出版社, 2020.9
ISBN 978-7-5170-8948-3

Ⅰ. ①图… Ⅱ. ①国… Ⅲ. ①电力工业－安全生产－违章作业－图解 Ⅳ. ①TM08-64

中国版本图书馆CIP数据核字(2020)第195316号

书　　名	**图解电力作业现场红线违章** TUJIE DIANLI ZUOYE XIANCHANG HONGXIAN WEIZHANG
作　　者	国网河北省电力有限公司安全监察部　编著
出版发行	中国水利水电出版社 （北京市海淀区玉渊潭南路1号D座　100038） 网址：www.waterpub.com.cn E-mail：sales@waterpub.com.cn 电话：(010) 68367658（营销中心）
经　　售	北京科水图书销售中心（零售） 电话：(010) 88383994、63202643、68545874 全国各地新华书店和相关出版物销售网点
排　　版	中国水利水电出版社微机排版中心
印　　刷	北京瑞斯通印务发展有限公司
规　　格	140mm×130mm　48开本　1.625印张　34千字
版　　次	2020年9月第1版　2020年9月第1次印刷
印　　数	0001—8000册
定　　价	**20.00**元

凡购买我社图书，如有缺页、倒页、脱页的，本社营销中心负责调换

内容提要

本书由国网河北省电力有限公司安全监察部编写，采用漫画的形式将红线违章场景生动地表现出来，旨在引导员工通过生动、直观的漫画学习，熟悉并掌握红线违章内容，不断提升辨识、预防红线违章的能力，促进现场作业安全、组织、技术措施不断改进，杜绝发生各类人身事故和人员责任事故，推动安全管理工作从严格监督向自主管理转变。

本书可作为电网企业各类作业人员安全教育的必备口袋书，也可供电网企业有关管理人员和广大电力用户参考。

《图解电力作业现场红线违章》

编 委 会

编 写 组

主　　编　赵宇晗　杨立勋

副主编　张　健　刘向军

编写人员　刘明亮　李　华　于念敖　贾树霆　朱志华　吴志祥　时洪刚　柳锦龙　付　磊　梁　飞　史冬妮　韩明朝　马云华

前　言 PREFACE

安全管理最根本的目的是保护人的生命和健康。坚持以人为本、生命至上、可持续发展的理念已成为社会的共识。

为落实《国网安委会关于印发公司总部“四不两直”安全督察工作方案的通知》（国网安委会〔2020〕1号），切实加强各类作业现场安全管控，强化作业现场“红线意识”和“底线思维”，提升现场作业人员的安全意识，确保安全生产良好局面，国网河北省电力有限公司在一般、严重两级违章管理的基础上，节选生产现场作业“十不干”、基建现场停工“五条红线”等条款增设红线违章，在此基础上组织编写《图解电力作业现场红线违章》。

《图解电力作业现场红线违章》由国网河北省电力有限公司安全监察部编写，采用漫画的形式将红线违章场景生动地表现出来，旨在引导员工通过生动、直观的漫画学习，熟悉并掌握红线违章内容，不断提升辨识红线违章、预防红线违章的能力，促进现场作业安全、组织、技术措施不断改进，杜绝发生各类人身事故和人员责任事故，推动安全管理工作从严格监督向自主管理转变。

由于作者水平有限，编写时间仓促，书中难免存在不妥之处，敬请广大专家和读者批评指正。

作者

2020 年 8 月

目 录 CONTENTS

目　录 CONTENTS

1. 作业现场无工作票或施工作业票

1-1. 在电气设备上及相关场所的工作，未按照《安规》规定使用工作内容相对应工作票、操作票、事故紧急抢修单、施工作业票的。

1. 作业现场无工作票或施工作业票

1-2. 使用的工作票、操作票、事故紧急抢修单、施工作业票等未履行签发许可手续的。

1. 作业现场无工作票或施工作业票

1-3. 在防火重点部位或场所以及禁止明火区动火作业，未办理动火工作票或使用的动火工作票未履行签发许可手续的。

1. 作业现场无工作票或施工作业票

1-4. 倒闸操作没有调控值班人员、运维负责人正式发布指令的。

2. 工作任务、危险点不清楚

2-1. 评估具有作业风险等级的现场，须进行而未进行现场勘察的。

2. 工作任务、危险点不清楚

2-2. 工作开始前和工作进行中，工作负责人或专责监护人不清楚工作内容、监护范围、人员分工、带电部位、安全措施和技术措施、危险点及安全防范措施的。

2. 工作任务、危险点不清楚

2-3. 工作开始前，工作负责人未向工作班成员针对工作任务、危险点进行告知交底的。

2. 工作任务、危险点不清楚

2-4. 工作开始前，工作负责人未向全体作业人员详细交代工作任务、安全注意事项、作业地点邻近带电部位、指明工作过程中带电情况的。

2. 工作任务、危险点不清楚

2-5. 工作开始后，工作班成员对工作任务、危险点不清楚的。

2. 工作任务、危险点不清楚

2-6. 倒闸操作前，操作人员（包括监护人）不了解操作目的和操作顺序的。

2. 工作任务、危险点不清楚

2-7．擅自解除防误闭锁装置进行倒闸操作的。

3. 危险点控制措施未落实

3-1. 工作负责人在工作前未向全体作业人员告知危险点控制措施，不能有效防范可预见性的安全风险的。

3. 危险点控制措施未落实

3-2. 运维人员未根据工作任务、设备状况及电网运行方式，分析倒闸操作过程中的危险点并制定防控措施的。

3. 危险点控制措施未落实

3-3．全体人员在作业过程中，危险点控制措施未落实到位或完备性遭到破坏的。

3. 危险点控制措施未落实

3-4. 在带电设备附近进行吊装作业，安全距离不够且未采取有效措施的。

4. 超出作业范围未经审批

4-1. 作业人员在审批作业范围以外作业的。

4. 超出作业范围未经审批

4-2. 现场扩大工作范围、增加或变更工作任务，现场需变更或增设安全措施时，未重新办理新的工作票，履行签发、许可手续的。

4. 超出作业范围未经审批

4-3. 现场扩大工作范围、增加或变更工作任务，未在工作票上注明增加的工作项目，未告知作业人员的。

4. 超出作业范围未经审批

4-4. 未经许可开工的，或办理完工作终结手续后继续工作的。

5. 工作地段未在有效接地保护范围内

5-1. 在电气设备上工作，未在工作地段两端及作业范围支线上装设接地线的。

5. 工作地段未在有效接地保护范围内

5-2．在电气设备上工作，作业人员擅自移动或拆除工作现场装设的接地线的。

5. 工作地段未在有效接地保护范围内

5-3. 在电气设备上工作，装设接地线与工作现场电压等级不符的。

5. 工作地段未在有效接地保护范围内

5-4. 在电气设备上工作，装设的接地线是已报废或严重破损达不到接地要求的。

5. 工作地段未在有效接地保护范围内

5-5. 在高压回路上的工作，必须要拆除全部或一部分接地线后才能进行工作但未征得运维人员许可的。

5. 工作地段未在有效接地保护范围内

5-6．在高压回路上的工作，必须要拆除全部或一部分接地线后才能进行工作，征得运维人员许可，但工作完毕后未恢复的。

6. 现场安全措施布置不到位、安全工器具不合格

6-1. 对存在误拉合设备，误登、误碰带电设备风险，未挂标示牌或悬挂错误的。

6. 现场安全措施布置不到位、安全工器具不合格

6-2. 在带电设备四周未装设全封闭围栏或围栏装设错误的。

6. 现场安全措施布置不到位、安全工器具不合格

6-3. 作业现场使用安全工器具台账上已报废的或使用损坏、老化严重，明显已达到报废标准的安全工器具的。

7. 杆塔根部、基础和拉线不牢固开展作业

7-1．作业人员在攀登杆塔作业前，未检查杆塔根部、基础和拉线是否牢固，铁塔塔材是否缺少，螺栓是否齐全、匹配和紧固的。

7. 杆塔根部、基础和拉线不牢固开展作业

7-2. 攀登杆塔基础未完全牢固，回填土或混凝土强度未达标准或未做好临时拉线新立杆塔的。

7. 杆塔根部、基础和拉线不牢固开展作业

7-3．铁塔组立后，地脚螺栓未随即加垫板并拧紧螺母及打毛丝扣且作业人员塔上作业的。

8. 高处作业防坠落措施不完善

8-1. 高处作业未先搭设脚手架、使用高空作业车、升降平台或采取其他防止坠落措施的。

8. 高处作业防坠落措施不完善

8-2. 在跌落高度超过 2m 及以上设备上工作，未使用安全带或采取其他可靠的安全措施的。

9. 有限空间内气体含量未经检测或检测不合格开展作业

9-1. 有限空间进出口狭小，自然通风不良，易造成有毒有害、易燃易爆物质聚集或含氧量不足的作业场所，在未进行气体检测或检测不合格的情况下贸然进入的。

9. 有限空间内气体含量未经检测或检测不合格开展作业

9-2. 在电缆井、电缆隧道、深度超过 2m 的基坑、沟（槽）内工作前未经气体检测合格后工作的。

10. 工作负责人（专责监护人）未履行手续不在现场

10-1. 专责监护人临时离开工作现场时，未通知被监护人员停止工作或离开工作现场的。

10. 工作负责人（专责监护人）未履行手续不在现场

10-2. 工作负责人长时间离开工作现场时，未履行变更工作负责人手续的。

11. 安全管理责任严重缺失

11-1. 业主项目部未组织监理、施工项目部对工程项目关键工序及危险作业开展施工安全风险识别、评价，制定有针对性的预控措施的。

11. 安全管理责任严重缺失

11-2. 监理项目部未对施工机械、工器具、安全防护用品（用具）进场审查的。

11. 安全管理责任严重缺失

11-3. 对工程关键部位、关键工序、特殊作业和危险作业未进行旁站监理的。

12. 现场关键人员配置严重不到位

12-1. 三级及以上施工风险点施工作业现场无三个项目部人员的。

12. 现场关键人员配置严重不到位

12-2. 线路作业层班组骨干实际到位情况不满足人员配置要求的。

13. 施工方案存在严重错误

13-1. 无方案施工或施工方案与现场实际严重不符，存在重大安全隐患的。

13. 施工方案存在严重错误

13-2. 高风险作业或关键作业环节未按施工方案（措施）开展施工作业，人员组织、施工装备、技术措施等与方案明显不符的。

14. 施工装备存在重大安全隐患

14-1. 地锚、钻体强度（吨位）不满足连接的绳索受力要求的。

14. 施工装备存在重大安全隐患

14-2. 地锚、地钻埋设深度不符合要求，地锚布置与受力方向不一致的。

15. 安全风险管控严重不到位

15-1. 四级作业风险漏报、瞒报的。

15. 安全风险管控严重不到位

15-2. 三级及以上作业风险定级错误的。

15. 安全风险管控严重不到位

15-3. 起重机具超负荷使用的。

15. 安全风险管控严重不到位

15-4. 遇有大风或暴雨、雷电、冰雹、大雪、大雾、沙尘暴等恶劣天气时，未停止相关施工作业的。

15. 安全风险管控严重不到位

15-5. 现场违章指挥和强令冒险作业的。

关于发布红线违章条款及释文的通知

（安监〔2020〕10号）

公司各单位：

为落实《国网安委会关于印发公司总部“四不两直”安全督察工作方案的通知》（国网安委会〔2020〕1号），切实加强各类作业现场安全管控，强化作业现场“红线意识”和“底线思维”，提升现场作业人员安全意识，确保公司安全生产良好局面，公司在一般、严重两级违章管理的基础上，节选生产现场作业“十不干”、基建现场停工“五条红线”等条款增设红线违章，有关事宜通知如下，请各单位抓好落实。

一、适用范围

适用于公司系统所属各单位、各市县公司、进入系统内作业的承包和劳务分包的单位和个人。

二、红线违章条款及释义

（一）红线违章条款

1. 作业现场无工作票或施工作业票。

2. 工作任务、危险点不清楚。

3. 危险点控制措施未落实。

4. 超出作业范围未经审批。

5. 工作地段未在有效接地保护范围内。

6. 现场安全措施布置不到位、安全工器具不合格。

7. 杆塔根部、基础和拉线不牢固开展作业。

8. 高处作业防坠落措施不完善。

9. 有限空间内气体含量未经检测或检测不合格开展作业。

10. 工作负责人（专责监护人）未履行手续不在现场。

11. 安全管理责任严重缺失。

12. 现场关键人员配置严重不到位。

13. 施工方案存在严重错误。

14. 施工装备存在重大安全隐患。

15. 安全风险管控严重不到位。

（二）红线违章释义

1. 作业现场无工作票或施工作业票。

释义：

（1）在电气设备上及相关场所的工作，未按照《安规》规定使用工作内容相对应工作票、操作票、事故紧急抢修单、施工作业票的；

（2）使用的工作票、操作票、事故紧急抢修单、施工作业票等未履行签发许可手续的；

（3）在防火重点部位或场所以及禁止明火区动火作业，未办理动火工作票或使用的动火工作票未履行签发许可手续的；

（4）倒闸操作没有调控值班人员、运维负责人正式发布指令的。

2. 工作任务、危险点不清楚。

释义：

（1）评估具有作业风险等级的现场，须进行而未进行现场勘察的；

（2）工作开始前和工作进行中，工作负责人或专责监护人不清楚工作内容、监护范围、人员分工、带电部位、安全措施和技术措施、危险点及安全防范措施的；

（3）工作开始前，工作负责人未对工作班成员针对工作任务、危险点进行告知交底的；

（4）工作开始前，工作负责人未向全体作业人员详细交代工作任务、安全注意事项、作业地点邻近带电部位、指明工作过程中带电情况的；

（5）工作开始后，工作班成员对工作任务、危险点不清楚的；

（6）倒闸操作前，操作人员（包括监护人）不了解操作目的和操作顺序的；

（7）擅自解除防误闭锁装置进行倒闸操作的。

3. 危险点控制措施未落实。

释义：

（1）工作负责人在工作前未向全体作业人员告知危险点控制措施，不能有效防范可预见性安全风险的；

（2）运维人员未根据工作任务、设备状况及电网运行方式，分析倒闸操作过程中危险点并制定防控措施的；

（3）全体人员在作业过程中，危险点控制措施未落实到位或完备性遭到破坏的；

（4）在带电设备附近进行吊装作业，安全距离不够且未采取有效措施的。

4. 超出作业范围未经审批。

释义：

（1）作业人员在审批作业范围以外作业的；

（2）现场扩大工作范围、增加或变更工作任务，现场需变更或增设安全措施时，未重新办理新的工作票，履行签发、许可手续的；

（3）现场扩大工作范围、增加或变更工作任务，未在工作票上注明增加的工作项目，并告知作业人员的；

（4）未经许可开工的，或办理完工作终结手续后工作的。

5. 工作地段未在有效接地保护范围内。

释义：

（1）在电气设备上工作，未在工作地段两端及作业范围支线上装设接地线的；

（2）在电气设备上工作，作业人员擅自移动或拆除工作现场装设的接地线的；

（3）在电气设备上工作，装设接地线与工作现场电压等级不符的；

（4）在电气设备上工作，装设的接地线已报废或严重破损达不到接地要求的；

（5）高压回路上的工作，必须要拆除全部或一部分接地线后才能进行工作但未征得运维人员许可的；

（6）高压回路上的工作，必须要拆除全部或一部分接地线后才能进行工作，征得运维人员许可，但工作完毕后未恢复的。

6. 现场安全措施布置不到位、安全工器具不合格。

释义：

（1）对存在误拉合设备，误登、误碰带电设备风险，未挂标示牌或悬挂错误的；

（2）在带电设备四周未装设全封闭围栏或围栏装设错误的；

（3）作业现场使用安全工器具台账上已报废的或使用损坏、老化严重，明显已达到报废标准的安全工器具的。

7. 杆塔根部、基础和拉线不牢固开展作业。

释义：

（1）作业人员在攀登杆塔作业前，未检查杆根、基础和拉线是否牢固，铁塔塔材是否缺少，螺栓是否齐全、匹配和紧固的；

（2）攀登杆基未完全牢固，回填土或混凝土强度未达标准或未做好临时拉线新立杆塔的；

（3）铁塔组立后，地脚螺栓未随即加垫板并拧紧螺母及打毛丝扣且作业人员塔上作业的。

8. 高处作业防坠落措施不完善。

释义：

（1）高处作业未先搭设脚手架、使用高空作业车、升降平台或采取其他防止坠落措施的；

（2）在跌落高度超过 2m 及以上设备上工作，未使用安全带或采取其他可靠的安全措施的。

9. 有限空间内气体含量未经检测或检测不合格开展作业。

释义：

（1）有限空间进出口狭小，自然通风不良，易造成有毒有害、易燃易爆物质聚集或含氧量不足的作业场所，在未进行气体检测或检测不合格的情况下贸然进入的；

（2）在电缆井、电缆隧道、深度超过 2m 的基坑、沟（槽）内工作前未经气体检测合格后工作的。

10. 工作负责人（专责监护人）未履行手续不在现场。

释义：

（1）专责监护人临时离开工作现场时，未通知被监护人员停止工作或离开工作现场的；

（2）工作负责人长时间离开工作现场时，未履行变更工作负责人手续的。

11. 安全管理责任严重缺失。

释义：

（1）本条适用于基建现场，含电网建设现场和配（农）网工程现场；

（2）业主项目部未组织监理、施工项目部对工程项目关键工序及危险作业开展施工安全风险识别、评价，制定有针对性的预控措施的；

（3）监理项目部未对施工机械、工器具、安全防护用品（用具）进场审查的；

（4）对工程关键部位、关键工序、特殊作业和危险作业未进行旁站监理的。

12. 现场关键人员配置严重不到位。

释义：

（1）本条适用电网建设现场；

（2）三级及以上施工风险点施工作业现场无三个项目部人员的；

（3）线路作业层班组骨干实际到位情况不满足人员配置要求的。

13. 施工方案存在严重错误。

释义：

（1）本条适用于基建现场，含电网建设现场和配（农）网工程现场；

（2）无方案施工或施工方案与现场实际严重不符，存在重大安全隐患的；

（3）高风险作业或关键作业环节未按施工方案（措施）开展施工作业，人员组织、施工装备、技术措施等与方案明显不符的。

14. 施工装备存在重大安全隐患。

释义：

（1）本条适用于基建现场，含电网建设现场和配（农）网工程现场；

（2）地锚、钻体强度（吨位）不满足连接的绳索受力要求的；

（3）地锚、地钻埋设深度不符合要求，地锚布置与受力方向不一致的。

15. 安全风险管控严重不到位。

释义：

（1）四级作业风险漏报、瞒报的；

（2）三级及以上作业风险定级错误的；

（3）起重机具超负荷使用的；

（4）遇有大风或暴雨、雷电、冰雹、大雪、大雾、沙尘暴等恶劣天气时，未停止相关施工作业的；

（5）现场违章指挥和强令冒险作业的。

三、红线违章处罚

按照《国网河北省电力有限公司关于印发〈国网河北省电力有限公司安全工作奖惩规定〉的通知》（冀电安监〔2020〕8 号）中的红

线违章相关规定。

安全督查人员有权对存在红线违章的现场下达停工令。

四、有关要求

（一）各单位要组织全覆盖宣贯和学习，将红线违章条款及释义传达到每一位员工，掌握每条红线违章的具体含义、处罚规定，坚决杜绝红线违章，防范发生安全事故。

（二）各单位要提前分析红线违章的形成因素，改善作业环境，提升员工安全素养，为员工创造不违章的作业环境，引导员工从“要我安全”到“我要安全”转变，主动做好自身安全防护。

国网河北省电力有限公司安全监察部

2020 年 5 月 29 日

生产现场作业“十不干”

一、无票的不干。

二、工作任务、危险点不清楚的不干。

三、危险点控制措施未落实的不干。

四、超出作业范围未经审批的不干。

五、未在接地保护范围内的不干。

六、现场安全措施布置不到位、安全工器具不合格的不干。

七、杆塔根部、基础和拉线不牢固的不干。

八、高处作业防坠落措施不完善的不干。

九、有限空间内气体含量未经检测或检测不合格的不干。

十、工作负责人（专责监护人）不在现场的不干。

基建现场停工“五条红线”

1. 施工单位“以包代管”，分包人员自行作业，现场业主、施工、监理三个项目部管理严重缺位。

2. 施工方案编审批不认真，存在重大错误，或施工方案、作业票、安全措施交底流于形式，一线班组骨干人员对技术要点和安全注意事项不了解，按习惯野蛮施工。

3. 现场施工装备及工器具没有进行作业前检查、未定期试验检测，存在较大缺陷和重大安全隐患。

4. 特种作业人员未经系统培训，未持证或持假证作业。

5. 各级质量验收未认真开展，验收资料弄虚作假，未组织开展中间验收即转序。